BEI GRIN MACHT SICH IHR WISSEN BEZAHLT

- Wir veröffentlichen Ihre Hausarbeit,
  Bachelor- und Masterarbeit

- Ihr eigenes eBook und Buch -
  weltweit in allen wichtigen Shops

- Verdienen Sie an jedem Verkauf

Jetzt bei www.GRIN.com hochladen und kostenlos publizieren

Bibliografische Information der Deutschen Nationalbibliothek:

Die Deutsche Bibliothek verzeichnet diese Publikation in der Deutschen National-
bibliografie; detaillierte bibliografische Daten sind im Internet über http://dnb.d-
nb.de/ abrufbar.

Impressum:

Copyright © 2018 GRIN Verlag
Druck und Bindung: Books on Demand GmbH, Norderstedt Germany
ISBN: 9783346195272

Dieses Buch bei GRIN:

https://www.grin.com/document/906956

Rehan Butt

Kubische Spline-Interpolation. Arten und Berechnung von kubischen Splines und der Vergleich mit der Polynominterpolation

GRIN Verlag

Inhaltsverzeichnis

Abkürzungsverzeichnis

Abb.	Abbildung
LGS	Lineares Gleichungssystem

Abbildungsverzeichnis

1   Einleitung

Im Alltag bemerken wir Jahr für Jahr einen rasanten Fortschritt in dem Bereich der Computeranimation. Manche erkennen diesen in Konsolenspielen andere in Animationsfilmen im Alltag wieder. Dazu werden einige Verfahren der numerischen Mathematik zur Hilfe gezogen. Interpolationen finden zum Beispiel unter anderem ihren Einsatz in der graphischen Datenverarbeitung. Die Mathematik, die sich dahinter verbirgt, wirkt zuerst relativ einfach. Oft sind bestimmte Punkte vorgegeben und es gilt eine Abbildung zu finden, die all diese beinhaltet. Eine solche Funktion „interpoliert" diesen Datensatz. Es gibt mehrere Arten eine solche Funktion zu finden. Weil dieses Thema sehr weitreichend und in der Komplexität äußerst umfangreich ist, beschäftigt sich dieser Bericht hauptsächlich mit der »Kubischen Spline-Interpolation«.

1.1   Motivation

Schon früher waren Interpolationen von besonderer Wichtigkeit. Sie wurden benötigt, um verschiedenste Probleme im Alltag zu berechnen und als hilfreiche Unterstützung im Handwerk. Heutzutage werden Interpolationen verwendet, um Wegpunkte zu berechnen, Statistiken auszuwerten oder Zwischenpunkte zu ermitteln. Besonders im Bereich der Computerspiele werden Interpolationen dafür verwendet zwischen zwei Logikturns eine harmonische Animation zu erhalten, beziehungsweise Einheiten realistisch im Raum zu bewegen. Auch beim Entwurf von Freiformflächen, welche häufig im Schiff-, Automobil- und Flugzeugbau benötigt werden, sind Kubische Splines von großer Wichtigkeit.

2 Kubische Splines

2.1 Geschichte der Spline-Interpolation

Bereits im 17. Jahrhundert wurden Interpolationsverfahren im Schiffsbau benötigt. In der frühen Seefahrt wurden schon sogenannte Straklatten, eine elasti-
sche Latte aus Holz oder Kunststoff, verwendet. Diese sind auf Grund ihrer
Elastizität zur Formung der Rumpfkontur eigensetzt worden. Die Straklatten
werden dazu so gebogen, dass sie durch mehrere vorher festgelegte Punkte
der geplanten Kontur gehen. Diese interpolieren eine Linie durch alle Punkte
ohne hoher Biegeenergie und mit sehr kleiner Krümmung (Abb, 2.10). Durch
die Spannung entstehen harmonische Kurven - die sogenannten Splines.

2.2 Definition eines Spline

Zu den Pionieren der Splineerforschung gilt unter anderem Isaac Jacob Schon-
berg, welcher den Begriff Spline erstmals in einer englischen Veröf-
fentlichung im Jahr 1946 für glatte, harmonische, zusammengesetzte mathema-
tische Kurven benutzte.

Unter einem Spline versteht man eine Funktion die aus mehreren Teilpolyno-
men n-ten Grades besteht. Diese Teilpolynome werden durch Stützstellen oder
auch sogenannte Knoten miteinander verbunden. Dabei werden an den Knoten vorausgesetzt, dass diese n-1 mal stetig differenzierbar sind. Die Splines
differieren sich in ihrem Grade, ihren Rand- und Knotenbedingungen.

Somit nennt man ein Spline, der in all seinen Abschnitten ausschließlich linea-
re Funktionen aufweist, ein Spline 1. Grades, auch Polygonzug genannt
(Abb. 2.21), analog gibt es auch quadratische, kubische Splines und so weiter.

2.3 Herleitung der Eigenschaften einer Straklatte

Es seien $n + 1$ Stützpunkte $(x_i | y_i)$ für $i = \overline{0,n}$ und

$$a = x_0 < x_1 < \cdots < x_n = b \tag{2.31}$$

vorgegeben. Diese werden in den Teilintervallen (x_i, x_{i+1}) stückweise durch $s_i(x) \in s(x)$ für $i = \overline{0, n-1}$ interpoliert.

Alle Messpunkte sollen durch die Funktion s interpoliert werden.

$$\Rightarrow (1) \quad s(x_i) = y_i \text{ für } i = \overline{0,n} \tag{2.32}$$

Die Funktion soll eine glatte Kurve sein.

$$\Rightarrow (2) \quad s(x) \text{ im Intervall } (a,b) \text{ min. einmal stetig differenzierbar}$$

Des Weiteren soll die Krümmung von $s(x)$ minimal sein, beziehungsweise die Energie, die die Straklatten zum Verbiegen benötigen. Dies bedeutet eine Minimierung des Energieverbrauchs folgt zur Minimierung der Krümmung von $s(x)$.

$$\Rightarrow (3) \quad \text{Minimierung } von \ J(s) = \frac{1}{2} \int_a^b s''(x)^2 \, dx \qquad \text{[Hans,108]} \tag{2.33}$$

$$\Rightarrow (4) \quad s(x) \text{ im Intervall } (x_i, x_{i+1}) \text{ min. viermal stetig differenzierbar}$$

Aus diesen vier Bedingungen sollen jetzt die Eigenschaften kubischer Splines ermittelt werden.

Sei jetzt eine Funktion s, die die Bedingungen (1) − (4) erfüllt und eine Funktion f, welche die Bedingung (1), (2) und (4) erfüllt und es soll gelten

$$J(s) \leq J(f) \tag{2.34}$$

$$f(x) = s(x) + \varepsilon \, h(x) \quad , \varepsilon \in \mathbb{R} \, . \tag{2.35}$$

$h(x)$ wird auch als die Variation von $s(x)$ genannt. Da f und s (2.32) erfüllen muss gelten

$$h(x_i) = 0. \tag{2.36}$$

Beweis:

$$f(x_i) = s(x_i) + \varepsilon \, h(x_i) = y_i$$

$$s(x_i) = y_i$$

$$\Rightarrow h(x_i) = 0 \qquad q.e.d.$$

Jedes $h(x)$ welches die Bedingungen (2), (4) und (2.36) erfüllt ist zulässig. Somit kann nun der Energieverbrauch von f wie folgt dargestellt werden

$$J(f) = \frac{1}{2}\int_a^b f''(x)^2\, dx = \frac{1}{2}\int_a^b (s''(x) + \varepsilon\, h''(x))^2\, dx. \tag{2.37}$$

J wird jetzt als eine von ε abhängige Funktion interpretiert

$$J(\varepsilon) = \frac{1}{2}\int_a^b (s''(x) + \varepsilon\, h''(x))^2\, dx. \tag{2.38}$$

J nimmt sein Minimum für $\varepsilon = 0$ an.

Beweis:

$$J(\varepsilon) = \frac{1}{2}\int_a^b (s''(x) + \varepsilon\, h''(x))^2\, dx$$

$$= \frac{1}{2}\int_a^b s''(x)^2 + \varepsilon^2\, h''(x)^2 + 2\, s''(x)\,\varepsilon\, h''(x)\, dx$$

$$= \frac{1}{2}\int_a^b s''(x)^2\, dx + \frac{\varepsilon^2}{2}\int_a^b h''(x)^2\, dx + \varepsilon\int_a^b h''(x)\, s''(x)\, dx$$

$$J(\varepsilon) \geq J(s)$$

$$\frac{1}{2}\int_a^b s''(x)^2\, dx + \frac{\varepsilon^2}{2}\int_a^b h''(x)^2\, dx + \varepsilon\int_a^b h''(x)\, s''(x)\, dx \geq \frac{1}{2}\int_a^b s''(x)^2\, dx$$

$$\Rightarrow \varepsilon = 0 \quad \mathrm{q.\,e.\,d}$$

Daraus folgt die notwendige Bedingung für ein Minimum

$$J'(0) = 0 = \int_a^b h''(x)\, s''(x)\, dx \tag{2.39}$$

Mit der folgenden Umformung und partieller Integration erhält man für $J'(0)$

$$J'(0) = \sum_{i=0}^{n-1} \int_{x_i}^{x_{i+1}} h''(x)\, s''(x)\, dx$$

$$= \sum_{i=0}^{n-1} \left[\, h'(x)\, s''(x)\, \big|_{x_i}^{x_{i+1}} - \int_{x_i}^{x_{i+1}} h'(x)\, s'''(x)\, dx \,\right]$$

$$= \sum_{i=0}^{n-1} \left[\; h'(x)\,s''(x)\,|_{x_i}^{x_{i+1}} - h(x)\,s'''(x)\,|_{x_i}^{x_{i+1}} + \int_{x_i}^{x_{i+1}} h(x)\,s^{(4)}(x)\,dx \; \right]$$

$$= \sum_{i=0}^{n-1} h'(x)\,s''(x)\,|_{x_i}^{x_{i+1}} \; - \; \sum_{i=0}^{n-1} h(x)\,s'''(x)\,|_{x_i}^{x_{i+1}}$$

$$+ \sum_{i=0}^{n-1} \int_{x_i}^{x_{i+1}} h(x)\,s^{(4)}(x)\,dx$$

$$\sum_{i=0}^{n-1} h'(x)\,s''(x)\,|_{x_i}^{x_{i+1}}$$

$$= \; h'(x)\,s''(x)\,|_{x_0}^{x_1} + \; h'(x)\,s''(x)\,|_{x_1}^{x_2} + \cdots + \; h'(x)\,s''(x)\,|_{x_{n-1}}^{x_n}$$

$$= h'(x_1)\,s''(x_{1-}) - \; h'(x_0)\,s''(x_{0+}) + h'(x_2)\,s''(x_{2-}) - \; h'(x_1)\,s''(x_{1+})$$

$$+ \; \ldots + h'(x_n)\,s''(x_{n-}) - \; h'(x_{n-1})\,s''(x_{n-1+})$$

$$= \; -h'(x_{0+})\,s''(x_{0+}) + h'(x_1) * [\,s''(x_{1-}) - s''(x_{1+})\,]$$

$$+h'(x_2)\,[\,s''(x_{2-}) - s''(x_{2+})]+\ldots+h'(x_{n-1})\,[\,s''(x_{n-1-}) -$$

$$s''(x_{2n-1+})] + \quad h'(x_n)\,s''(x_{n-})$$

$$\sum_{i=0}^{n-1} h(x)\,s'''(x)\,|_{x_i}^{x_{i+1}} = 0$$

es gilt nämlich $h(x_i) = 0$, wie zuvor gezeigt wurde

$$\sum_{i=0}^{n-1} \int_{x_i}^{x_{i+1}} h(x)\,s^{(4)}(x)\,dx \;\; = \int_a^b h(x)\,s^{(4)}(x)\,dx$$

$$\Rightarrow J'(0) = -h'(x_{0+})\,s''(x_{0+}) + h'(x_1) * [\,s''(x_{1-}) - s''(x_{1+})\,]$$

$$+h'(x_2)\,[\,s''(x_{2-}) - s''(x_{2+})]+\ldots+h'(x_{n-1})\,[s''(x_{n-1-})$$

$$- s''(x_{2n-1+})\,] + \; h'(x_n)\,s''(x_{n-}) + \,]\int_a^b h(x)\,s^{(4)}(x)\,dx$$

$$= 0\,. \tag{2.40}$$

Im Folgenden werden wir nur die natürlichen kubischen Splines betrachten, die durch Minimierung des Funktional (2.33) resultieren. Dies bedeutet der Spline läuft am Rand ohne Krümmung aus. Wie leicht zu sehen ist, führt dies zu den folgenden Bedingungen: (2.41)

   i. $s''(x_{0+}) = s''(x_{n-}) = 0$

   ii. $s''(x_{i-}) = s''(x_{i+})$ für $i = \overline{1, n-1}$

   iii. $s^{(4)}(x) = 0$ für alle $x \neq x_0, x_1, \ldots, x_n$

Zu iii) :

Sei $s^{(4)}(P) \neq 0$ mit P ein innerer Punkt eines beliebigen Teilintervalls, dann kann ein zulässiges h gefunden werden mit $h(P) \neq 0$ nur in der Umgebung von P, und gleich null in allen anderen Punkten. So spezifisch kann h gewählt werden, da jedes h welches ein zulässiges f liefert und mit (2.36) ist zulässig. In dem Fall wird nur das entsprechende Teilintervall einen positiven oder negativen Anteil in dem Integral liefern und wäre damit ein Widerspruch zu $J'(0) = 0$.

Außerdem folgt aus iii), dass s in den Teilintervallen als Polynom dritten Grades dargestellt werden kann. s interpoliert x_i und ist auf dem Intervall $[a, b]$ mindestens einmal stetig differenzierbar. Das heißt dass die Polynome, sowie ihre ersten und zweiten Ableitungen an den Stützstellen stetig ineinander übergehen. Aus diesen Bedingungen kann man nun folgende Eigenschaften für kubische Splines aufstellen:

$$\Rightarrow \quad \left.\begin{array}{c} s_i(x_i) = s_{i-1}(x_i) \\ s'_i(x_i) = s'_{i-1}(x_i) \\ s''_i(x_i) = s''_{i-1}(x_i) \end{array}\right\} \quad , für \ i = \overline{1, n-1} \qquad (2.42)$$

Noch dazu folgt aus i)

$$s''_0(x_0) = s''_{n-1}(x_n) = 0 \ . \qquad (2.43)$$

2.4 Eindeutigkeit kubischer Splines

Im Folgenden wird die Eindeutigkeit kubischer Splines gezeigt. s ist eine Menge kubischer Polynomen $\{s_0, s_1, ..., s_{n-1}\}$. Daher werden pro Teilintervall vier Freiheitsgrade gelegt, die durch zwei Bedingungen bestimmt werden.

i. $\quad s_i(x_i) = y_i$, $\quad s_i(x_{i+1}) = y_{i+1}$ $\hfill$ (2.44)

Wir führen die Größe c ein mit

$$c_i = s'(x_i), \; i = \overline{0, n-1}. \hfill (2.45)$$

Daraus ergibt sich für die 2. Bedingung

ii. $\quad c_i = s_i'(x_i)$, $\quad c_i = s_i'(x_{i+1})$. $\hfill$ (2.46)

Das Teilintervall $[x_i, x_{i+1}]$ wird auf das Intervall $[0,1]$ transformiert, in dem wir die Variable t und h einführen mit

$$t = \frac{x - x_i}{h_i}, \; h_i = x_{i+1} - x_i, , \; i = \overline{0, n-1} \hfill (2.47)$$

und somit s_i auf q_i mit

$$q_i(t) = s_i(x) = s_i(x_i + h_i \, t) \hfill (2.48)$$

projizieren. q_i sind ebenso kubische Polynome. Dann formen sich die Bedingungen neu um zu:

i. $\quad q_i(0) = y_i$, $\quad q_i(1) = y_{i+1}$ $\hfill$ (2.49)

ii. $\quad q_i'(0) = h_i \, c_i$, $\quad q_i'(1) = h_i \, c_{i+1}$ $\hfill$ (2.50)

Durch die Hermite-Interpolation an zwei Punkten werden die Koeffizienten von q_i bestimmt und damit ergibt sich :

$$q_i(t) = (1-t)^2 \, y_i + t^2 \, y_{i+1}$$
$$+ t \, (1-t) \, \{ (1-t) \, (2y_i + h_i \, c_i) + t \, (2y_{i+1} - h_i \, c_{i+1}) \} \hfill (2.51)$$

$$q_i'(t) = (2t - 2) \, y_i + 2t \, y_{i+1} + (1-t)(1-3t)(2y_i + h_i \, c_i) +$$
$$t \, (2 - 3t)(2y_{i+1} - h_i \, c_{i+1}) \hfill (2.52)$$

$$q_i''(t) = 2y_i + 2y_{i+1} + (-4 + 6t)(2y_i + h_i \, c_i) +$$
$$(2 - 6t)(2y_{i+1} - h_i \, c_{i+1}) \hfill (2.53)$$

$$q_i''(0) = 6(y_{i+1} - y_i) - 2h_i(2c_i + c_{i+1}) \qquad (2.54)$$

$$q_i''(1) = -6(y_{i+1} - y_i) + 2h_i(c_i + 2c_{i+1}) \qquad (2.55)$$

Mit Hilfe der folgenden Definition ergibt sich für das Verschwinden der zweiten Ableitung an dem Punkt x_0 :

$$s_i''(x) = q_i''(t) \left(\frac{dt}{dx}\right)^2 = \frac{q_i''(t)}{h_i^2} \qquad \text{[Hans,111]} \quad (2.56)$$

$$s_0''(0) = \frac{q_0''(0)}{h_0^2} = \frac{6(y_1 - y_0) - 2h_0(2c_0 + c_1)}{h_0^2} = 0$$

$$\Rightarrow \frac{3(y_1 - y_0)}{h_0^2} = \frac{(2c_0 + c_1)}{h_0} \qquad (2.57)$$

Analog ergibt sich für x_n :

$$\Rightarrow \frac{3(y_n - y_{n-1})}{h_{n-1}^2} = \frac{(c_{n-1} + 2c_n)}{h_{n-1}} \qquad (2.58)$$

Für die inneren Punkte der Teilintervalle gilt:

$$\Rightarrow \frac{(c_{i-1} + 2c_i)}{h_{i-1}} + \frac{(2c_i + c_{i+1})}{h_i} = \frac{3(y_i - y_{i-1})}{h_{i-1}^2} + \frac{3(y_{i+1} - y_i)}{h_i^2} \qquad (2.59)$$

Mit den Gleichungen (2.57) - (2.59) wird nun ein System von n+1 linearen Gleichungen für n+1 Unbekannten $c_0, \dots, c_n$ gestellt. Dessen Koeffizientenmatrix sieht wie folgt aus:

$$\begin{bmatrix} \frac{2}{h_0} & \frac{1}{h_0} & & & & 0 \\ \frac{1}{h_0} & 2\left(\frac{1}{h_0} + \frac{1}{h_1}\right) & \frac{1}{h_1} & & & \\ & \ddots & & \ddots & & \\ & & \frac{1}{h_{n-2}} & 2\left(\frac{1}{h_{n-2}} + \frac{1}{h_{n-1}}\right) & \frac{1}{h_{n-1}} \\ 0 & & & \frac{1}{h_{n-1}} & \frac{2}{h_{n-1}} \end{bmatrix} \qquad (2.60)$$

Die Matrix ist symmetrisch und diagonal dominant. Sie ist daher laut dem Kreise-Satz von Gerschgorin nicht singulär und ist positiv definit. Damit hat das Gleichungs-system eine eindeutige Lösung. Daraus folgt, dass es genau eine Funktion s gibt, die die Bedingungen (1) – (4) erfüllt.

2.3 Herleitung des kubischen Splines

Wie bereits gezeigt wurde, benötigt man für die Teilintervalle Polynome dritten Grades, welche in folgender Form dargestellt werden können

$$s_i(x) = a_i(x - x_i)^3 + b_i(x - x_i)^2 + c_i(x - x_i) + d_i \ , i = \overline{0, n-1} \quad (2.61)$$

mit den zuvor hergeleiteten Eigenschaften (2.42). Diese allgemeine Form wird nun mit Hilfe dieser Eigenschaften nach den Parametern a_i, b_i, c_i und d_i umgestellt. Dazu benötigen wir die ersten beiden Ableitungen.

$$s_i'(x) = 3a_i (x - x_i)^2 + 2b_i (x - x_i) + c_i \quad (2.62)$$

$$s_i''(x) = 6a_i (x - x_i) + 2b_i \quad (2.63)$$

Des Weiteren führen zu Vereinfachung die Variable K_i ein mit

$$K_i = s''(x_i) \ , \ i = \overline{0, n} \quad (2.64)$$

Da die Teilpolynome an den jeweiligen Stützpunkten beginnen gilt

$$\Rightarrow d_i = y_i. \quad (2.65)$$

Die Parameter a_i, b_i, c_i werden nun in Abhängigkeit der zweiten Ableitung und der Variable h_i (2.47) dargestellt.

$$s_i''(x_i) \quad = 6a_i (x_i - x_i) + 2b_i$$

$$\Rightarrow b_i \quad = \frac{K_i}{2} \quad (2.66)$$

$$s_i''(x_{i+1}) = 6a_i (x_{i+1} - x_i) + 2b_i$$

$$= 6a_i h_i + 2b_i$$

$$= 6a_i h_i + K_i$$

$$\Rightarrow a_i \quad = \frac{K_{i+1} - K_i}{6h_i} \quad (2.67)$$

$$s_i(x_{i+1}) = a_i(x_{i+1} - x_i)^3 + b_i(x_{i+1} - x_i)^2 + c_i(x_{i+1} - x_i) + d_i$$

$$y_{i+1} \quad = a_i h_i^3 + b_i h_i^2 + c_i h_i + y_i$$

$$c_i \quad = \frac{y_{i+1} - y_i}{h_i} - a_i h_i^2 - b_i h_i$$

$$= \frac{y_{i+1} - y_i}{h_i} - \frac{K_{i+1} - K_i}{6} h_i - \frac{K_i}{2} h_i$$

9

$$\Rightarrow \; c_i \;=\; \frac{y_{i+1}-y_i}{h_i} - \frac{K_{i+1}+2\,K_i}{6}\,h_i \qquad (2.68)$$

Aus der Eigenschaft (2.42) wird nun folgende Gleichung aufgestellt

$$s_i'(x_i) \;=\; 3a_i\,(x_i-x_i)^2 + 2b_i\,(x_i-x_i) + c_i$$

$$= c_i$$

$$= \frac{y_{i+1}-y_i}{h_i} - \frac{K_{i+1}+2\,K_i}{6}\,h_i$$

$$= s_{i-1}'(x_i)$$

$$= 3a_{i-1}\,(x_i-x_{i-1})^2 + 2b_{i-1}\,(x_i-x_{i-1}) + c_{i-1}$$

$$= 3a_{i-1}\,{h_{i-1}}^2 + 2b_{i-1}\,h_{i-1} + c_{i-1}$$

$$= \frac{K_i-K_{i-1}}{2}\,h_{i-1} + K_{i-1}\,h_{i-1} + \frac{y_i-y_{i-1}}{h_{i-1}} - \frac{K_i+2\,K_{i-1}}{6}\,h_{i-1}$$

$$\Rightarrow \; 6\left(\frac{y_{i+1}-y_i}{h_i} - \frac{y_i-y_{i-1}}{h_{i-1}}\right) = 3h_{i-1}\,(K_i-K_{i-1}) + 6h_{i-1}\,K_{i-1} - h_{i-1}(K_i+2\,K_{i-1})$$

$$+ h_i\,(K_{i+1}+2\,K_i)$$

$$= h_{i-1}\,[3K_i - 3K_{i-1} + 6K_{i-1} - K_i - 2\,K_{i-1}]$$

$$+ h_i\,K_{i+1} + 2h_i\,K_i$$

$$= 2h_{i-1}\,K_i + h_{i-1}\,K_{i-1} + h_i\,K_{i+1} + 2h_i\,K_i$$

$$= h_{i-1}\,K_{i-1} + 2(h_{i-1}+h_i)\,K_i + h_i\,K_{i+1} \qquad (2.69)$$

Aus dieser Gleichung wird nun ein lineares Gleichungssystem aufgebaut. Der Laufindex folgt aus der Eigenschaft (2.42) $i = \overline{1,n-1}$ und eine weitere Variable wird eigeführt mit

$$e_i = \frac{y_{i+1}-y_i}{h_i} - \frac{y_i-y_{i-1}}{h_{i-1}}, \; i = \overline{1,n-1} \qquad (2.70)$$

somit ergibt sich das folgende System:

$$\begin{pmatrix} h_0 & 2(h_0+h_1) & h_1 & & & 0 \\ & h_1 & 2(h_1+h_2) & h_2 & & \\ & & \ddots & \ddots & \ddots & \\ 0 & & h_{n-2} & 2(h_{n-2}+h_{n-1}) & & h_{n-1} \end{pmatrix} \begin{pmatrix} K_0 \\ K_1 \\ \vdots \\ K_n \end{pmatrix} = 6 \begin{pmatrix} e_1 \\ e_2 \\ \vdots \\ e_{n-1} \end{pmatrix}$$

$$(2.71)$$

Das LGS hat $n-1$ Gleichungen und $n+1$ Unbekannte . Somit kann man $K_0 - K_n$ nur bestimmen, indem man je nach Art des kubischen Splines zwei weitere Bedingungen erhält.

3 Arten von kubischen Splines und deren Berechnung

3.1 Natürlicher Spline

In der Regel unterscheidet man kubische Splines anhand ihrer Randbedingungen. Für den natürlichen Spline wird gefordert, dass die Krümmung an den Randpunkten gleich Null ist.

$$K_0 = K_n = 0 \tag{3.10}$$

Somit vereinfacht sich das zu lösende System (2.71) für den natürlichen Spline wie folgt:

$$\begin{pmatrix} 2(h_0 + h_1) & h_1 & & & & 0 \\ h_1 & 2(h_1 + h_2) & h_2 & & & \\ & h_2 & 2(h_1 + h_2) & h_3 & & \\ & & \ddots & \ddots & \ddots & \\ & & & h_{n-3} & 2(h_{n-3} + h_{n-2}) & h_{n-2} \\ 0 & & & & h_{n-2} & 2(h_{n-2} + h_{n-1}) \end{pmatrix} \begin{pmatrix} K_1 \\ K_2 \\ \vdots \\ \\ \\ K_{n-1} \end{pmatrix} = 6 \begin{pmatrix} e_1 \\ e_2 \\ \vdots \\ \\ \\ e_{n-1} \end{pmatrix}$$

$$\tag{3.11}$$

Durch äquidistante Einteilung der Stützstellen kann man das zu lösende System weiter vereinfachen zu:

$$\frac{h}{6} \begin{pmatrix} 4 & 1 & & & & 0 \\ 1 & 4 & 1 & & & \\ & 1 & 4 & 1 & & \\ & & \ddots & \ddots & \ddots & \\ & & 1 & 4 & 1 \\ 0 & & & 1 & 4 \end{pmatrix} \begin{pmatrix} K_1 \\ K_2 \\ \vdots \\ \\ K_{n-1} \end{pmatrix} = \begin{pmatrix} e_1 \\ e_2 \\ \vdots \\ \\ e_{n-1} \end{pmatrix} \tag{3.12}$$

Jetzt können die K_1 bis K_{n-1} mithilfe von den Stützpunkten $(x_i | y_i)$ ermittelt werden und somit resultieren die Koeffizienten (2.65) − (2.68) für die Interpolationspolynome (2.61).

Gegeben sei nun die Funktion $f(x) = \frac{1}{1+x^2}$ und diese soll nun an den folgenden zwei Datenreihen und den daraus resultierenden Funktionswerten durch ein natürlichen Spline interpoliert werden.

Datenreihe 3.10:	x	−5	−4	0	4	5						
Datenreihe 3.11:	x	−5	−4	−3	−2	−1	0	1	2	3	4	5

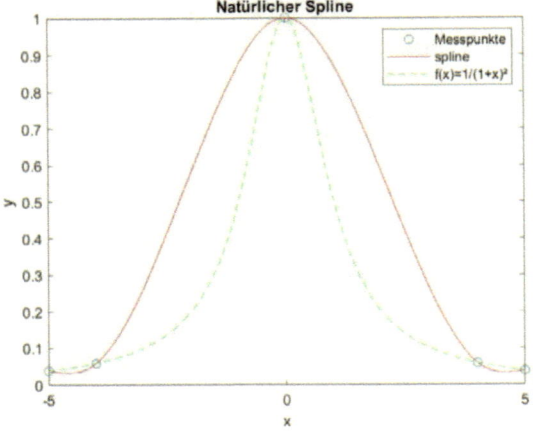

Abbildung 3.10

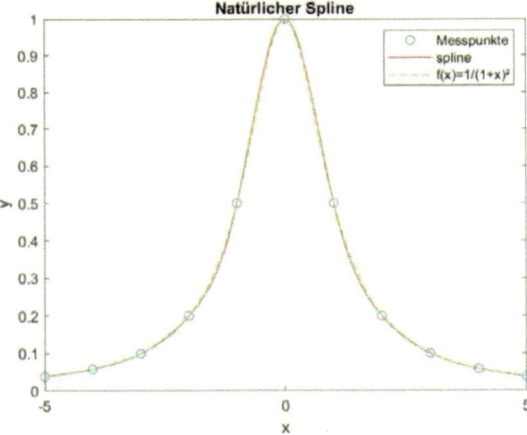

Abbildung 3.11

Wie man sehr schön erkennen kann, ist die äquidistante Einteilung und natürlich auch eine größere Anzahl der Stützstellen vom großem Vorteil.

13

3.2 Eingespannter Spline

Bei manchen Interpolationsaufgaben sind die natürlichen Splines in der Anwendung von Nachteil, da an den Rändern eine gewisse Steigung gefordert wird. In solchen Fällen werden die eingespannten Splines benutzt und damit erhalten wir zwei weitere Randbedingungen.

$$s_0'(x_0) = v_a \qquad s_{n-1}'(x_n) = v_b \tag{3.21}$$

Mit den Definitionen aus (2.62) und (2.68) erhält man die Gleichung

$$s_0'(x_0) = 3a_0 (x_0 - x_0)^2 + 2b_0 (x_0 - x_0) + c_0 = c_0 = v_a$$

$$v_a = c_0 = \frac{y_1 - y_0}{h_0} - \frac{K_1 + 2 K_0}{6} h_0 \, ,$$

welche nun durch einfache Umformungen wie folgt aussieht

$$\Rightarrow (2h_0 \quad h_0) \begin{pmatrix} K_0 \\ K_1 \end{pmatrix} = 6 \left(\frac{y_1 - y_0}{h_0} - v_a \right) \tag{3.22}$$

Mit den Definitionen aus (2.47), (2.62) und (2.66) - (2.68) erhält man die Gleichung

$$s_{n-1}'(x_n) = 3a_{n-1} (x_n - x_{n-1})^2 + 2b_i (x_n - x_{n-1}) + c_{n-1} = v_b$$

$$v_b = 3 \frac{K_n - K_{n-1}}{6h_{n-1}} (h_{n-1})^2 + 2 \frac{K_{n-1}}{2} (h_{n-1}) + \frac{y_n - y_{n-1}}{h_{n-1}} - \frac{K_n + 2 K_{n-1}}{6} h_{n-1}$$

welche nun durch einfache Umformungen wie folgt aussieht

$$\Rightarrow (h_{n-1} \quad 2h_{n-1}) \begin{pmatrix} K_{n-1} \\ K_n \end{pmatrix} = 6 \left(v_b - \frac{y_n - y_{n-1}}{h_{n-1}} \right). \tag{3.23}$$

Unser LGS aus (2.71) wird nun mit (3.22) und (3.23) aufgefüllt und man erhält

$$\begin{pmatrix} 2h_0 & h_0 & & & & 0 \\ h_0 & 2(h_0 + h_1) & h_1 & & & \\ & h_1 & 2(h_1 + h_2) & h_2 & & \\ & & \ddots & \ddots & \ddots & \\ & & & h_{n-2} & 2(h_{n-2} + h_{n-1}) & h_{n-1} \\ 0 & & & & h_{n-1} & 2h_{n-1} \end{pmatrix} \begin{pmatrix} K_0 \\ K_1 \\ \vdots \\ \\ \\ K_n \end{pmatrix} = 6 \begin{pmatrix} \frac{y_1 - y_0}{h_0} - v_a \\ e_1 \\ \vdots \\ \vdots \\ e_{n-1} \\ v_b - \frac{y_n - y_{n-1}}{h_{n-1}} \end{pmatrix}$$

$$\tag{3.24}$$

Jetzt können die K_0 bis K_n mithilfe von den Stützpunkten $(x_i | y_i)$ und den Steigungen v_a und v_b ermittelt werden und somit resultieren die Koeffizienten (2.65) − (2.68) für die Interpolationspolynome (2.61).

Gegeben sei nun die Funktion $f(x) = \frac{1}{1+x^2}$ und diese soll nun an den folgenden Punkten mit ihren Funktionswerten durch den eingespannten Spline interpoliert werden, mit $v_a = -1$ und $v_b = 1$

Datenreihe 3.20:	x	-5	-4	-3	-2	-1	0	1	2	3	4	5

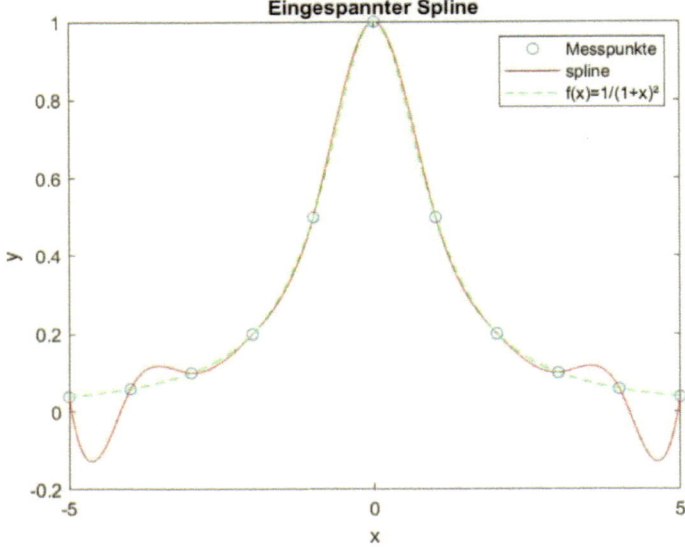

Abbildung 3.20

Es ist sehr gut erkennbar, dass die erste Ableitung an den Randpunkten auf die ersten beiden und die letzten beiden Teilpolynome Auswirkungen hat. Jedoch verlaufen die anderen Teilpolynome fast identisch zu der Abbildung 3.11.

3.3 Periodischer Spline

Ein periodischer Spline hat die Eigenschaft, dass sich der Spline periodisch fortsetzt. Infolgedessen wird gefordert, dass die erste Stützstelle mit der letzten ein Knotenpunkt bildet. Damit erhalten wir zwei weitere Randbedingungen.

$$s_0'(x_0) = s_{n-1}'(x_n) \ , \qquad K_0 = K_n \tag{3.31}$$

Aus der Gleichung (3.22) und (3.23) kann man folgendes entnehmen

$$s_0'(x_0) \quad = \frac{y_1-y_0}{h_0} - \frac{K_1+2\,K_0}{6}\,h_0$$

$$s_{n-1}'(x_n) = 3\,\frac{K_n-K_{n-1}}{6h_{n-1}}\,(h_{n-1})^2 + 2\,\frac{K_{n-1}}{2}\,(h_{n-1}) + \frac{y_n-y_{n-1}}{h_{n-1}} - \frac{K_n+2\,K_{n-1}}{6}\,h_{n-1}$$

$$\frac{y_1-y_0}{h_0} - \frac{K_1+2\,K_0}{6}\,h_0 = 3\,\frac{K_n-K_{n-1}}{6h_{n-1}}\,(h_{n-1})^2 + 2\,\frac{K_{n-1}}{2}\,(h_{n-1}) + \frac{y_n-y_{n-1}}{h_{n-1}}$$

$$- \frac{K_n+2\,K_{n-1}}{6}\,h_{n-1}$$

und durch einfache Umformungen und mit $K_0 = K_n$ erhält man

$$\Rightarrow \begin{pmatrix} 2(h_{n-1}+h_0) & h_0 & h_{n-1} \end{pmatrix} \begin{pmatrix} K_0 \\ K_1 \\ K_{n-1} \end{pmatrix} = 6 \left(\frac{y_1-y_0}{h_0} - \frac{y_n-y_{n-1}}{h_{n-1}} \right).$$

$$\tag{3.32}$$

Mit dieser Gleichung füllen wir unser LGS (2.71) auf, daraus ergibt sich:

$$\begin{pmatrix} 2(h_{n-1}+h_0) & h_0 & & & & & h_{n-1} \\ h_0 & 2(h_0+h_1) & h_1 & & & & \\ & h_1 & 2(h_1+h_2) & h_2 & & & \\ & & \ddots & \ddots & \ddots & & \\ & & & h_{n-3} & 2(h_{n-3}+h_{n-2}) & h_{n-2} & \\ h_{n-1} & & & & h_{n-2} & 2(h_{n-2}+h_{n-1}) \end{pmatrix} \begin{pmatrix} K_0 \\ K_1 \\ \vdots \\ K_{n-1} \end{pmatrix}$$

$$= 6 \begin{pmatrix} \frac{y_1-y_0}{h_0} - \frac{y_n-y_{n-1}}{h_{n-1}} \\ e_1 \\ e_2 \\ \vdots \\ e_{n-1} \end{pmatrix} \tag{3.33}$$

Jetzt können die K_0 bis K_n , mithilfe von den Stützpunkten $(x_i|y_i)$, durch das Lösen des LGS ermittelt werden und somit resultieren die Koeffizienten $(2.65) - (2.68)$ für die Interpolationspolynome (2.61).

Gegeben sei nun die Funktion $f(x) = \frac{1}{1+x^2}$ und diese soll nun an den folgenden Punkten mit ihren Funktionswerten durch den periodischen Spline interpoliert werden.

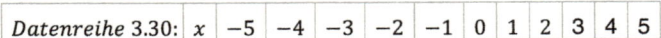

$Datenreihe\ 3.30:$	x	-5	-4	-3	-2	-1	0	1	2	3	4	5

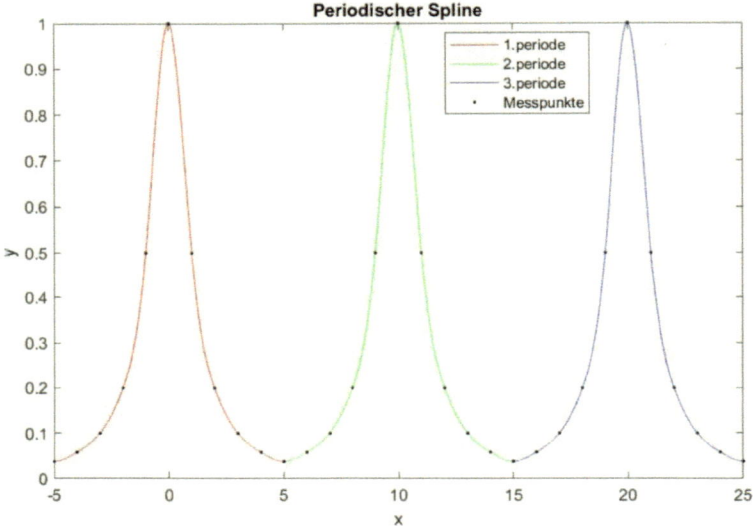

Abbildung 3.30

Bemerkung:

Zur Berechnung der natürlichen, eingespannten und periodischen Spline wurde ein Java Programm geschrieben. Damit kann man bespielsweise nun die Koeffizienten für die Abb. 3.30 aufstellen, welche wie folgt aussehen:

a_i	b_i	c_i	d_i
-0.0101	0.0304	0.0	0.0385
0.0105	1.3349 E-4	0.0305	0.0588
0.0058	0.0318	0.0624	0.1
0.1075	0.0491	0.1434	0.2
-0.4358	0.3717	0.5642	0.5
0.4358	-0.9358	0.0	1.0
-0.1075	0.3717	-0.5642	0.5
-0.0058	0.0491	-0.1434	0.2
-0.0105	0.0318	-0.0624	0.1
0.0101	1.3349 E-4	-0.0305	0.0588

Abbildung 3.31

3.4 Not-a-Knot Spline

Bis jetzt waren immer $n + 1$ Stützstellen gegeben und es wurden n Teilpolynome interpoliert. Durch den Not-a-Knot Spline jedoch werden die äußeren drei Punkte je durch ein gemeinsames Polynom interpoliert, was zum Beispiel durch Gleichsetzen der dritten Ableitungen erfolgen kann. Folglich sind die Knoten in $(x_1|y_1)$ sowie $(x_{n-2}|y_{n-2})$ keine eigentlichen Knoten. Damit erhalten wir zwei weitere Bedingungen

$$s_0'''(x_1) = s_1'''(x_1), \qquad s_{n-2}'''(x_{n-1}) = s_{n-1}'''(x_{n-1}) \tag{3.41}$$

Dazu benötigen wir die dritte Ableitung für unser kubisches Polynom.

$$s_i'''(x) = 6a_i \tag{3.42}$$

Somit können wir mit (2.67) folgende Gleichung aufstellen:

$$s_0'''(x_1) = 6a_0 = s_1'''(x_1) = 6a_1$$

$$a_0 = a_1$$

$$\frac{K_1 - K_0}{6h_0} = \frac{K_2 - K_1}{6h_1}$$

$$\Rightarrow \begin{pmatrix} -h_1 & h_1 + h_0 & -h_0 \end{pmatrix} \begin{pmatrix} K_0 \\ K_1 \\ K_2 \end{pmatrix} = 0 \tag{3.43}$$

Analog erhält man aus der zweiten Bedingung

$$s_{n-2}'''(x_{n-1}) = 6a_{n-2} = s_{n-1}'''(x_{n-1}) = 6a_{n-1}$$

$$a_{n-2} = a_{n-1}$$

$$\frac{K_{n-1} - K_{n-2}}{6h_{n-2}} = \frac{K_n - K_{n-1}}{6h_{n-1}}$$

$$\Rightarrow \begin{pmatrix} -h_{n-1} & h_{n-1} + h_{n-2} & -h_{n-2} \end{pmatrix} \begin{pmatrix} K_{n-2} \\ K_{n-1} \\ K_n \end{pmatrix} = 0. \tag{3.44}$$

Jetzt werden beide Gleichungen in das LGS (2.71) eingefügt und es folgt:

$$\begin{pmatrix} -h_1 & h_1+h_0 & -h_0 & & & 0 \\ h_0 & 2(h_0+h_1) & h_1 & & & \\ & h_1 & 2(h_1+h_2) & h_2 & & \\ & & \ddots & \ddots & \ddots & \\ & & h_{n-2} & 2(h_{n-2}+h_{n-1}) & h_{n-1} & \\ 0 & & -h_{n-1} & h_{n-1}+h_{n-2} & -h_{n-2} \end{pmatrix} \begin{pmatrix} K_0 \\ K_1 \\ \vdots \\ K_n \end{pmatrix} = 6 \begin{pmatrix} 0 \\ e_1 \\ \vdots \\ e_{n-1} \\ 0 \end{pmatrix}$$

$$(3.45)$$

Wie zuvor können auch nun die K_0 bis K_n eindeutig ermittelt werden und somit die Koeffizienten berechnet werden.

Gegeben sei nun die Datenreihe 3.40 und diese soll an den folgenden Punkten mit ihren Funktionswerten durch den Not-a-Knot Spline interpoliert werden.

Datenreihe 3.40:	x_i	1	2.5	3.3	4	4.5
	y_i	1	-0,5	2	-1	1,1

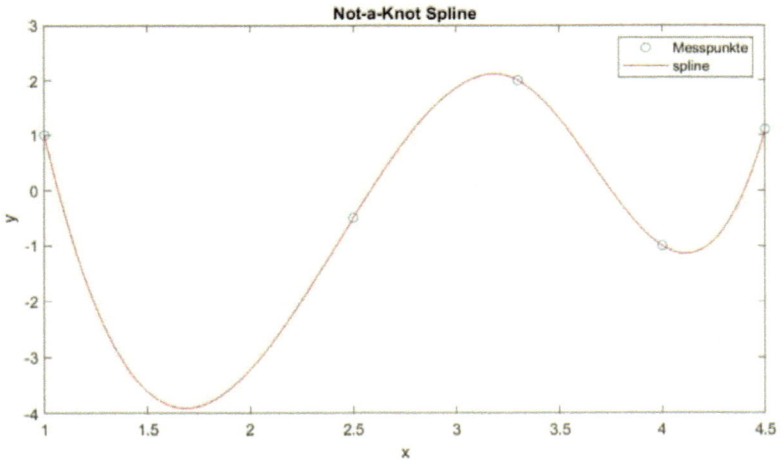

Abbildung 3.40

Es ist sehr gut erkennbar, dass man die ersten beiden und die letzten beiden Teilpolynome jeweils zu einem zusammenfassen kann und somit hätte man nur einen Knoten statt drei.

Im Folgenden werden die vier verschiedenen Arten der kubischen Splines in einer Abbildung gegenübergestellt. Die Datenreihe 3.40 wird interpoliert und für den eingespannten Spline nehmen wir als Steigung $v_a = -1$ und $v_b = 20$ an.

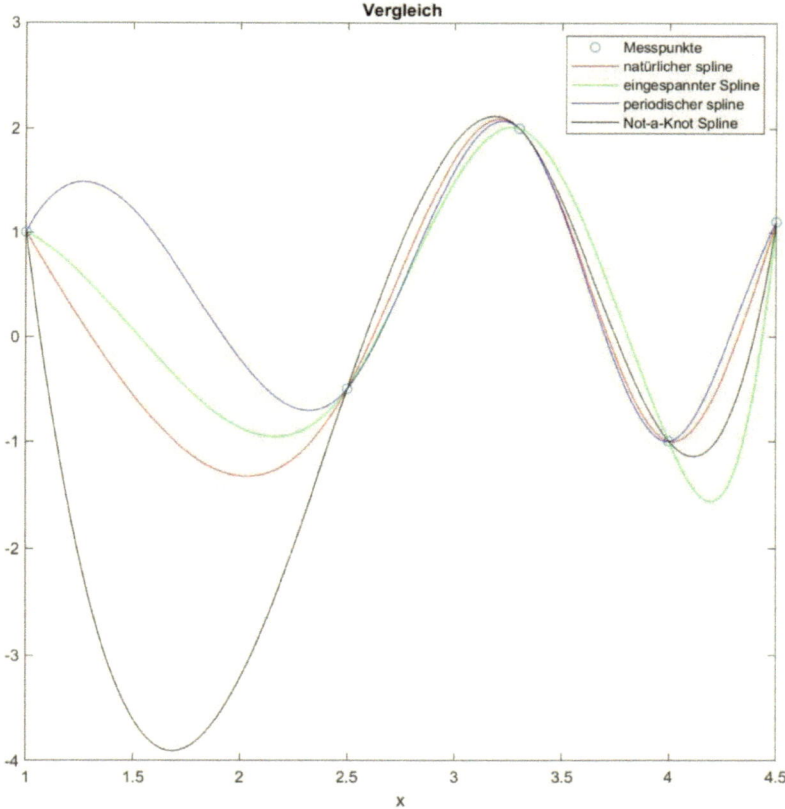

Abbildung 3.41

Wie schon zuvor erwähnt, weichen aufgrund der gewählten Randbedingung die einzelnen Spline Funktionen, insbesondere in den Randbereichen, erheblich voneinander ab, wie es in der Abbildung 3.41 sehr schön zu erkennen ist.

Bemerkung:

Die Abbildungen 3.10 - 3.41 wurden mit Hilfe der Matlabfunktion spline() und dem Tool Splinetool() erstellt. Der dazu passende code 3.10 - 3.41 ist im Anhang wieder zu finden, wofür jedoch die Workspace (splinetool_splines.mat) benötigt wird. Diese enthält die Splines, welche durch den splinetool() erstellt und exportiert wurden.

Mithilfe der Funktion spline() können zwei Vektoren x und y eingelesen werden, welche die Messpunkte enthalten. Falls beide Vektoren die gleiche Größe haben, wird automatisch ein Not-a-Knot Spline von Matlab erstellt. Wenn y jedoch zwei Einträge mehr enthält als x besitzt, dann wird der erste und letzte Wert des Vektors als die jeweilige Steigung in den Randpunkten angenommen und somit wird automatisch ein eingespannter Spline erstellt.

Mithilfe des Tools splinetool() können nur zwei gleich große Vektoren eingelesen werden. Mit dem Tool jedoch kann man dann beliebige Splines mit ihren Randbedingungen erstellten und somit auch exportieren.

21

4 Vergleich zur Polynominterpolation

Die Polynominterpolation ist ein klassisches Verfahren für Aufgaben kleinen Umfangs. Das Ziel ist es, durch eine Polynomfunktion, eine Näherung einer gesuchten Funktion zu erhalten, mit Hilfe von ihren Messpunkten.

Bei ungünstiger Wahl der Stützstellen und hohem Grad des Polynoms kann es vorkommen, dass die Polynomfunktion kaum noch der zu interpolierenden Funktion ähnelt. Insbesondere bei äquidistanten Stützstellen schwingt die Polynomfunktion an den Intervallgrenzen. Auch bei steigender Anzahl der Stützstellen, verschlechtert sich die Approximation. Runge gab für dieses Phänomen ein Beispiel an, die nach ihm benannte Runge-Funktion $f(x) = \frac{1}{1+x^2}$

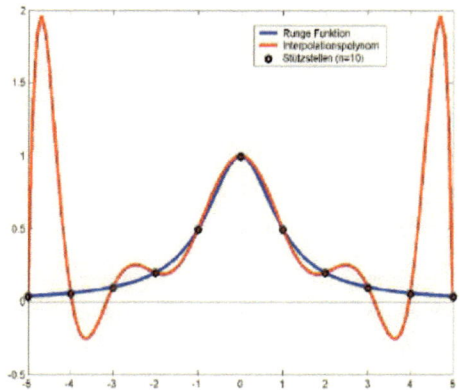

Abbildung 4.00

Daher sind Polynome höherer Ordnung kaum für eine Interpolation mit geringem Fehler über das gesamte Intervall geeignet. Variabler Abstand der Stützstellen, die an den Intervallgrenzen dichter liegen vermindern zwar den Gesamtfehler der Interpolation, dennoch empfiehlt sich ein Wechsel des Interpolationsverfahrens zur Spline-Interpolation, wie auch der Vergleich zur Abbildung 3.11 zeigt.

Schauen wir uns für ein weiteres Beispiel mit n = 7 die Polynom- und die Spline-Interpolation im Vergleich an:

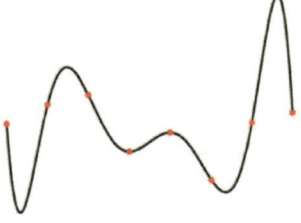

Abbildung 4.01

Abbildung 4.02

Die Abb. 4.01 wurde durch eine Polynominterpolation erzeugt und die Abb. 4.02 durch ein kubischen Spline. Hier ist gut zu sehen, dass die großen Schwingungen des Polynoms bei der Spline Interpolation verschwinden.

Dennoch ist die Polynominterpolation in der Mathematik sehr wichtig zur Annäherung von Funktionen zwischen wenigen Stützpunkten und dient als Grundlage bestimmter Integrationsverfahren.

Anhang

A1   Java Programm zur Berechnung der Koeffizienten

Das folgende Programm gibt uns als Zeilenvektoren die Koeffizienten der jeweiligen Teilpolynome aus. Somit enthält beispielsweise die erste Zeile die Parameter a_0, b_0, c_0 und d_0.

```
/*
 * To change this license header, choose License Headers in Project Propert
 * To change this template file, choose Tools | Templates
 * and open the template in the editor.
 */
package splines;

import java.util.Scanner;
import java.util.Arrays;

/**
 *
 * @author shady
 */
public class Splines {

    /**
     * @param args the command line arguments
     */
    public static void main(String[] args) {
        // TODO code application logic here

        Scanner scan = new Scanner(System.in);
        System.out.println("Wie gross ist n?(n+1 Stuetzstellen)");

int n = scan.nextInt();
double[] x= new double[n+1];            //Vektor x enthält die Stützstellen x
double[] y= new double[n+1];            //Vektor y enthält die Funktionswerte
int i;

for(i=0;i<n+1;i++) {
System.out.print("x"+i+"=");
x[i]= scan.nextDouble();         //x einlesen
}

//for(i=0;i<n;i++)
//System.out.print(x[i]);

System.out.println("Geben Sie die Funktionswerte ein:");

for(i=0;i<n+1;i++) {
System.out.print("y"+i+"=");
```

```java
y[i]= scan.nextDouble();              //y einlesen

}

double[] h= new double[n];            //Vektor h enthält die Abstände
                                      //zwischen den Stützstellen

for(i=0;i<n;i++) {
h[i]=x[i+1]-x[i];
}

double[] e= new double[n-1];          //e ist ein Vektor, den wir brauchen
                                      //um das LGS zu lösen (siehe Bericht (2.7

for(i=0;i<n-1;i++) {

e[i]=((y[i+2]-y[i+1])/h[i+1]) - ((y[i+1]-y[i])/h[i]);
}
//System.out.print("e=");

//for(i=0;i<n-1;i++)
//System.out.print(e[i]+";");

//System.out.println("");

//System.out.print("h=");

//for(i=0;i<n;i++)
//System.out.print(h[i]+";");

//System.out.println("");

String s1;                            //s1 ist der Art des kubischen Splines
System.out.print("Geben Sie der Art des Splines an"
        + "(natuerlich/eingespannt/periodisch?):");

s1 = scan.next();
System.out.print(s1);

if(s1.equals("natuerlich")){
    if(n==2){
        double[] k1= new double [n+1]; //für n<3 kann das Programm keine Ma
                                       //erstellen, da das Index n-3 vorkommt
        k1[1]=6*e[0]/2*(h[0]+h[1]);    //daher wird der Fall wo n=2 separat ge
        //für n=0 gibt es nur ein Punkt, und für n=1
```

IV

```
        k1[0]=0;              //ist eine Gerade die die zwei Stützstellen interpo
        k1[2]=0;
    }
    else if(n>=2){
double[][] a= new double [n-1][n-1]; //[zeilen][spalen]  //a ist die Matrix
                //die die lineare Gleichungen enthält(siehe Bericht(3.11))
int j;

for(i=0;i<n-1;i++){              //Initialisierung
    for(j=0;j<n-1;j++){
        a[j][i]=0;
    }
}
a[0][0]=2*(h[0]+h[1]);          //erste zwei und letzte zwei Einträge
a[0][1]=h[1];
a[n-2][n-3]=h[n-2];
a[n-2][n-2]=2*(h[n-2]+h[n-1]);


for(j=1;j<n-2;j++){

    for(i=j-1;i<j+2;i++){
        if (i==j-1) {a[j][i]=h[j];}
        if (i==j)   {a[j][i]=2*(h[j]+h[j+1]);}
        if (i==j+1) {a[j][i]=h[j+1];}
    }
}
System.out.print("a=");

for(i=0;i<n-1;i++){
    for(j=0;j<n-1;j++){
        System.out.print(a[j][i]+" ; ");
    }
}

System.out.println();
double[] e1= new double[n-1];    //Vektor e1 ist das 6-fache des Vektors e
for(i=0;i<n-1;i++){
e1[i]=6*e[i];
}
double[] k= LGS.solve(a,e1);
double[] k1= new double [n+1];   //Vektor k1 enthält die 2. Ableitungen
                                 //einschließlich die an den Randpunkten
for(i=1;i<n;i++){
```

```
    k1[i]=k[i-1];
}
k1[0]=0;
k1[n]=0;
System.out.println("k1="+Arrays.toString(k1));

double[][] s = new double[n][4];

            //Jede Zeile der Matrix s enthält
            //die Koeffizienten eines Teilpolinoms(von s0 bis sn-1)
for(i=0;i<n;i++){
    s[i][0]=(k1[i+1]-k1[i])/(6*h[i]);
    s[i][1]=k1[i]/2;
    s[i][2]=((y[i+1]-y[i])/h[i]) - (h[i]*(k1[i+1]+(2*k1[i])))/6;
    s[i][3]=y[i];
}
System.out.println("KOEFFIZIENTEN:");

for(i=0;i<n;i++){
    for(j=0;j<4;j++){
        System.out.print(s[i][j]+"  ;  ");
    }
    System.out.println();
}
}}
else if(s1.equals("eingespannt")){
    System.out.print("Geben Sie die erste Ableitung am ersten Punkt ein: va
    double va=scan.nextDouble();
    System.out.println();
    System.out.print("Geben Sie die erste Ableitung am letzten Punkt ein: vb=
    double vb=scan.nextDouble();
    double[] e1=new double[n+1];
    for(i=1;i<n;i++){
        e1[i]=6*e[i-1];
    }
    e1[0]=6*(y[1]-y[0]-va*h[0])/h[0];
    e1[n]=6*(vb*h[n-1]-y[n]+y[n-1])/h[n-1];
    double[][] a=new double [n+1][n+1];
    int j;
    for(i=0;i<n+1;i++){              //Initialisierung
        for(j=0;j<n+1;j++){
            a[j][i]=0;
        }
    }
}
```

```java
a[0][0]=2*h[0];
a[0][1]=h[0];
a[n][n-1]=h[n-1];
a[n][n]=2*h[n-1];
for(i=1;i<n;i++){
    for(j=i-1;j<i+2;j++){
        if(j==i-1) a[i][j]=h[0];
        if(j==i) a[i][j]=2*(h[j-1]+h[j]);
        if(j==i+1) a[i][j]=h[j-1];
    }
}
double[] k= LGS.solve(a,e1);
System.out.println("k="+Arrays.toString(k));

double[][] s = new double[n][4];

        //Jede Zeile der Matrix s enthält
        //die Koeffizienten eines Teilpolinoms(von s0 bis sn-1)
for(i=0;i<n;i++){
    s[i][0]=(k[i+1]-k[i])/(6*h[i]);
    s[i][1]=k[i]/2;
    s[i][2]=((y[i+1]-y[i])/h[i]) - (h[i]*(k[i+1]+(2*k[i])))/6;
    s[i][3]=y[i];
}
System.out.println("KOEFFIZIENTEN:");

for(i=0;i<n;i++){
    for(j=0;j<4;j++){
        System.out.print(s[i][j]+"  ;  ");
    }
    System.out.println();
}
}
else if(s1.equals("periodisch")){
    double[] e1=new double[n];
  for(i=1;i<n;i++){
     e1[i]=6*e[i-1];
  }
  e1[0]=6*((y[1]-y[0])/h[0] - (y[n]-y[n-1])/h[n-1]);
  double[][] a=new double [n][n];
  int j;
  for(i=0;i<n;i++){              //Initialisierung
    for(j=0;j<n;j++){
        a[j][i]=0;
```

```
        }
    }
    a[0][0]=2*(h[n-1]+h[0]);
    a[0][1]=h[0];
    a[0][n-1]=h[n-1];
    a[n-1][n-2]=h[n-2];
    a[n-1][n-1]=2*(h[n-2]+h[n-1]);
    a[n-1][0]=h[n-1];
    for(i=1;i<n-1;i++){
    for(j=i-1;j<i+2;j++){
        if(j==i-1) a[i][j]=h[j];
        if(j==i) a[i][j]=2*(h[j-1]+h[j]);
        if(j==i+1) a[i][j]=h[j-1];
    }
}


double[] k= LGS.solve(a,e1);
System.out.println("k="+Arrays.toString(k));
double[] k1= new double [n+1];    //Vektor k1 enhält die 2. Ableitungen
                                  //einschließlich die an den Randpunkten
for(i=0;i<n;i++){
   k1[i]=k[i];
}
k1[n]=k1[0];

double[][] s = new double[n][4];

        //Jede Zeile der Matrix s enthält
        //die Koeffizienten eines Teilpolinoms(von s0 bis sn-1)
for(i=0;i<n;i++){
    s[i][0]=(k1[i+1]-k1[i])/(6*h[i]);
    s[i][1]=k1[i]/2;
    s[i][2]=((y[i+1]-y[i])/h[i]) - (h[i]*(k1[i+1]+(2*k1[i])))/6;
    s[i][3]=y[i];
}
System.out.println("KOEFFIZIENTEN:");

for(i=0;i<n;i++){
    for(j=0;j<4;j++){
        System.out.print(s[i][j]+"  ;  ");
    }
    System.out.println();

    }
else{
    System.out.println("Falsche eingabe");
}

    }
```

Die folgende Java Klasse dient zur Lösung des LGS.

C:/Users/shady/OneDrive/Bureau/Splineprogramm/Splines/src/splines/LGS.java

```
/*
 * To change this license header, choose License Headers in Project Propert
 * To change this template file, choose Tools | Templates
 * and open the template in the editor.
 */
package splines;

/**
 *
 * @author shady
 */
public class LGS {
    static int[] pivot(double[][] A)
{
int n = A.length;
int[] pivot = new int[n];
for (int j = 0; j < n-1; j++)
{
double max = Math.abs(A[j][j]);
int imax = j;
for (int i = j+1; i < n; i++)
if (Math.abs(A[i][j]) > max)
{
max   = Math.abs(A[i][j]);
imax = i;
}
double[] h = A[j];
A[j] = A[imax];
A[imax] = h;
pivot[j] = imax;
for (int i = j+1; i < n; i++)
{
double f = -A[i][j]/A[j][j];
for (int k = j+1; k < n; k++)
A[i][k] += f*A[j][k];
A[i][j] = -f;
}
}
return pivot;
}

// loest das LGS Ax = b nach x auf
public static double[] solve(double[][] A, double[] b)
{
```

```java
double[][] B = A.clone();
double[] x = b.clone();
int[] pivot = pivot(B);
int n = B.length;
for (int i = 0; i < n-1; i++)
{
double h = b[pivot[i]];
b[pivot[i]] = b[i];
b[i] = h;
}
for (int j = 0; j < n; j++)
{
x[j] = b[j];
for (int i = 0; i < j; i++)
x[j] -= B[j][i]*x[i];
}
for (int j = n-1; j >= 0; j--)
{
for (int k = j+1; k < n; k++)
x[j] -= B[j][k]*x[k];
x[j] /= B[j][j];
}
return x;
}
}
```

X

A2 Struktogramm

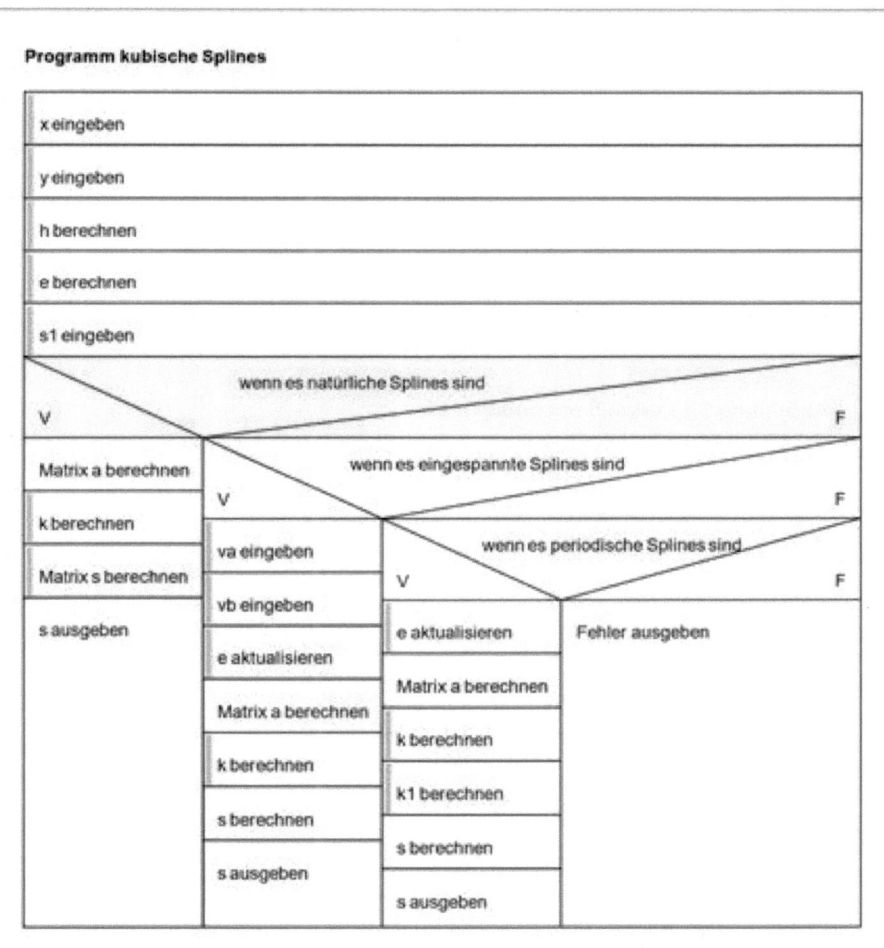

A3 Matlab code zur Erstellung der Abbildungen

Abbildung 3.10 erstellt mit code_3_10

```
%natürlicher spline datenreihe 3.10
clear all
load('splinetool_splines.mat')
x=[-5,-4,0,4,5];
y=[1./(1+x.^2)];
xx=-5:0.001:5;
yy=[1./(1+xx.^2)];
nss=spline_3_10 ;
plot(x,y,'o',xx,ppval(nss,xx),'-r',xx,yy,'--g')
xlabel('x')
ylabel('y')
title('Natürlicher Spline')
legend('Messpunkte','spline','f(x)=1/(1+x)²');
```

Abbildung 3.11 erstellt mit code_3_11

```
%natürlicher spline datenreihe 3.11
clear all
load('splinetool_splines.mat')
x=[-5:5];
y=[1./(1+x.^2)];
xx=-5:0.001:5;
yy=[1./(1+xx.^2)];
nss=spline_3_11 ;
plot(x,y,'o',xx,ppval(nss,xx),'-r',xx,yy,'--g')
xlabel('x')
ylabel('y')
title('Natürlicher Spline')
legend('Messpunkte','spline','f(x)=1/(1+x)²');
```

Abbildung 3.20 erstellt mit code_3_20

```
%eingespannter spline datenreihe 3.20
clear all
x=[-5:5];
y=[1./(1+x.^2)];
xx=-5:0.001:5;
yy=[1./(1+xx.^2)];
nss=spline(x,[-1 y 1]) ;
plot(x,y,'o',xx,ppval(nss,xx),'-r',xx,yy,'--g')
xlabel('x')
ylabel('y')
title('Eingespannter Spline')
legend('Messpunkte','spline','f(x)=1/(1+x)²');
```

Abbildung 3.30 erstellt mit code_3_30

```
%periodischer spline datenreihe 3.30
clear all
load('splinetool_splines.mat')
x=[-5:5]; xx=-5:0.001:5; xxx=5:0.001:15; xxxx=15:0.001:25;
y=[1./(1+x.^2)];
x1=[5:15];
x2=[15:25];
yy=[1./(1+xx.^2)];
nss=spline_3_30 ;
plot(xx,ppval(nss,xx),'-r',xxx,ppval(nss,xx),'-
g',xxxx,ppval(nss,xx),'-b',x,y,'.k',x1,y,'.k',x2,y,'.k')
xlabel('x')
ylabel('y')
title('Periodischer Spline')
legend('1.periode','2.periode','3.periode','Messpunkte');
```

Abbildung 3.40 erstellt mit code_3_40

```
%Not a Knot Spline datenreihe 3.40
clear all
x=[1,2.5,3.3,4,4.5];
y=[1,-0.5,2,-1,1.1];
xx=1:0.001:4.5;
nss=spline(x, y ) ;
plot(x,y,'o',xx,ppval(nss,xx),'-r')
xlabel('x')
ylabel('y')
title('Not-a-Knot Spline')
legend('Messpunkte','spline');
```

Abbildung 3.41 erstellt mit code_3_41

```
%Vergleich datenreihe 3.40
clear all
load('splinetool_splines.mat')
x=[1,2.5,3.3,4,4.5];
y=[1,-0.5,2,-1,1.1];
xx=1:0.001:4.5;
nat=nat_spline ;
es= es_spline ;
per=per_spline ;
nan=nan_spline ;
plot(x,y,'o',xx,ppval(nat,xx),'-r',xx,ppval(es,xx),'-
g',xx,ppval(per,xx),'-b',xx,ppval(nan,xx),'-k')
xlabel('x')
ylabel('y')
title('Vergleich')
legend('Messpunkte','natürlicher spline','eingespannter Spli-
ne','periodischer spline','Not-a-Knot Spline ');
```

A4 Abbildungen

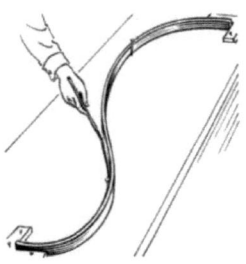

Abbildung 2.10

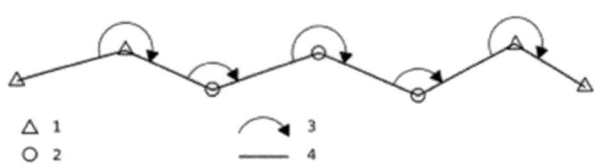

△ 1   ⌢ 3

○ 2   —— 4

Abbildung 2.21

Literaturverzeichnis

[Hans]   Hans Rudolf Schwarz, Norbert Köckler

Numerische Mathematik 7. Auflage

BEI GRIN MACHT SICH IHR WISSEN BEZAHLT

- Wir veröffentlichen Ihre Hausarbeit,
  Bachelor- und Masterarbeit

- Ihr eigenes eBook und Buch -
  weltweit in allen wichtigen Shops

- Verdienen Sie an jedem Verkauf

**Jetzt bei www.GRIN.com hochladen
und kostenlos publizieren**